全国职业院校烹饪专业教材

烹饪化学习题册

何江红 主编

中国劳动社会保障出版社

简　介

本书为全国职业院校烹饪专业教材《烹饪化学》的配套习题册。本书题型设计多样，包括填空题、选择题、名词解释、简答题、论述题等，力求充分体现教材的重点和难点，反映实际工作中将接触的具体问题，使学生能够掌握有关知识和原理，并具有解决实际问题的能力。

本书由何江红任主编。

图书在版编目（CIP）数据

烹饪化学习题册 / 何江红主编. -- 北京：中国劳动社会保障出版社，2021

全国职业院校烹饪专业教材

ISBN 978-7-5167-3377-6

Ⅰ.①烹…　Ⅱ.①何…　Ⅲ.①烹饪-应用化学-职业教育-习题集　Ⅳ.①TS972.1-44

中国版本图书馆 CIP 数据核字（2021）第 249657 号

中国劳动社会保障出版社出版发行

（北京市惠新东街 1 号　邮政编码：100029）

*

涿州市星河印刷有限公司印刷装订　　新华书店经销

787 毫米 × 1092 毫米　16 开本　3 印张　55 千字

2021 年 12 月第 1 版　　2025 年 5 月第 4 次印刷

定价：6.00 元

营销中心电话：400-606-6496

出版社网址：http://www.class.com.cn

http://jg.class.com.cn

目　录

绪　　论

一、名词解释

1. 烹饪

2. 烹饪化学

二、简答题

1. 学习烹饪化学的目的是什么?

2. 食品的一般化学成分有哪些？按来源不同，食品成分可分为哪些类型?

三、论述题

1. 简述食品成分在烹饪过程中的变化。

2. 烹饪化学研究的主要内容有哪些?

第一章　水

一、填空题（将正确答案填在横线空白处）

1. 根据水与物质间相互作用力的大小，可将水分为________和________两大类。

2. 食品和生物组织中的水分可被利用的程度称为________。

3. *A*w 数值一般在________之间。当 *A*w=1 时，表示________状态；当 *A*w=0 时，表示________状态。

4. 冰融化成水时可吸收较多的热量，因此冰多用于________和________食品。

5. 在标准大气压下，水的沸点为________。运用________的方法可对不耐高温的食品进行脱水。

6. 水在________℃时密度最大。含水多的食品进行冷冻时，食品的组织细胞易被破坏，动物性食品一般多采用____________、____________的方法减少组织细胞失水。

二、单项选择题（将正确答案的字母填在括号内）

1. 烹饪中挂糊上浆时，原料的含水量（　　）。

A. 减少　　B. 增加　　C. 不变　　D. 不可估计

2. 低水分活度下仍能发生的会引起食品劣变的反应是（　　）。

A. 水解　　B. 霉变　　C. 脂质氧化　　D. 非酶褐变

3. 水分活度的高低可以反映食品（　　）的大小。

A. 含水量　　B. 耐贮性　　C. 流动性　　D. 自由水量

4. 新鲜食品原料中含量最多的成分是（　　）。

A. 蛋白质　　B. 淀粉　　C. 水　　D. 维生素

5. 下列食品中，含水量最多的是（　　）。

A. 鲜肉　　B. 面粉　　C. 油脂　　D. 水果

6. 不同的食品如果含水量相同，那么它们的耐贮性应该（　　）。

A. 相同　　B. 不同

C. 不可评估　　D. 可能相同，也可能不同

7. 食品中自由水所占比例越大，食品组织中水分可被利用的程度（　　）。

A. 越大　　B. 越小　　C. 不变　　D. 不可评估

8. 脂溶性的叶绿素、橙色果蔬及鱼虾中的类胡萝卜素等在（　　）条件下相对稳定。

A. 低水分活度　　B. 中水分活度　　C. 高水分活度　　D. 任何水分活度

三、多项选择题（将正确答案的字母填在括号内）

1. *A*w 值的高低反映了食品的（　　）。

A. 气压
B. 水分可被利用的程度
C. 可溶解能力
D. 参加化学反应的程度
E. 被微生物利用的程度

2. 下列选项中，属于自由水的特征的是（　　）。

A. 容易被微生物利用
B. 难以蒸发
C. 可以做溶剂
D. 0 ℃时结冰
E. 通过压榨可以挤出

3. 下列选项中，不属于结合水的特征的是（　　）。

A. 容易被微生物利用
B. 难以蒸发
C. 可以做溶剂
D. 0 ℃时结冰
E. 通过压榨可以挤出

4. 有关中水分食品，下列说法正确的是（　　）。

A. *A*w 值在 0.2 ~ 0.85 之间
B. 不必复水食用
C. 不必密封冷藏
D. 完全抑制微生物生长
E. 易于调味与包装

5. 关于 *A*w 值的大小，现实中可能存在的有（　　）。

A. *A*w>1　　B. *A*w<1　　C. *A*w=1
D. *A*w=2　　E. *A*w>2

6. 菠菜、竹笋中的草酸，鲜黄花菜中的秋水仙碱，动物内脏中的腥臊异味等，可用（　　）的方法除去。

A. 浸泡　　B. 焯水　　C. 烧
D. 熘　　E. 风干

7. 在烹饪中一般采用（　　）的方法减少肉丝、肉片等原料中水分、风味物质和营养成分的损失，保持原料的软嫩。

A. 浸泡　　B. 上浆　　C. 挂糊
D. 涨发　　E. 风干

四、名词解释

1. 水分活度

2. 自由水

3. 结合水

五、简答题

1. 简述食品中水存在的状态。

2. 为什么盐渍、干燥食品都有较长的保质期?

3. 对于大部分新鲜食品、干制品和保存无限期（理论上）食品，其 *A*w 值分别应在什么范围?

4. 简述水在烹饪中的作用。

5. 简述形成奶汤的要素。

第二章 蛋 白 质

一、填空题（将正确答案填在横线空白处）

1. 食品中蛋白质的主要来源是______和______两大类。

2. 各种蛋白质的含氮量几乎是恒定的，一般来说，蛋白质的平均含氮量为______。

3. 蛋白质是由______组成的高分子化合物，每个蛋白质分子中含有______种氨基酸。

4. 分子中只含有氨基酸的蛋白质称为______。由简单蛋白质和其他非蛋白物结合而成的蛋白质称为______。

5. 蛋白质（氨基酸）在等电点时，其溶解度______，对外呈______性。

6. 烹饪中一般采用______来改善食品的水化状况，如干货原料的______。

7. 调制冷水面团时，在面粉中加入少量的______，可以强化蛋白质的水化作用，增强面团的吸水能力。

8. 将干货原料碱发后用清水退碱，将腌制品用清水浸泡去盐，是利用了______的原理。

9. 烹饪中使用最多的一种天然乳化剂是______。沙拉酱的调制是利用了鸡蛋黄的______。

10. ______是影响蛋白质变性的最重要因素，加热和______都可以使蛋白质变性，最常见的变性作用是蛋白质的______现象。

11. 制作豆腐是用______或______使已经热变性的豆浆凝固。

12. 蛋白质的常见化学反应主要包括______反应和______反应。

13. 蛋白质在______、______、______及加热的作用下发生水解反应，其最终产物是______。

14. 吊汤时，原料中的蛋白质在熬制过程中主要发生______反应，从而产生各种风味物质。

15. 肉类蛋白质中肌原纤维的主要功能是______。它的性质直接影响到肉的味道、______和______，也是影响肉类加工质量的决定性因素。

16. 烹饪中防止肉的收缩、凝固，以提高嫩度，主要是通过＿＿＿＿以及控制＿＿＿＿和＿＿＿＿来实现的。

17. 根据溶解性不同，可将小麦蛋白质分为麦谷蛋白、＿＿＿＿、＿＿＿＿、＿＿＿＿4 种。

18. 面筋中主要的蛋白质是＿＿＿＿和＿＿＿＿。

19. 菜肴“雪花桃泥”中的雪花是靠蛋清的＿＿＿＿形成的。

二、单项选择题（将正确答案的字母填在括号内）

1. 组成蛋白质的基本结构单位是（　　）。
A. α – 氨基酸　B. α – 葡萄糖　C. 脂肪酸　D. 甘油

2. 面筋蛋白包括（　　）。
A. 麦胶蛋白、麦球蛋白　B. 麦清蛋白、麦谷蛋白
C. 麦胶蛋白、麦谷蛋白　D. 麦胶蛋白、麦清蛋白

3. 蛋白质在等电点时，（　　）。
A. 水化作用最显著　B. 溶解度最小
C. 分子更易伸展变性　D. 分子不带电荷

4. 下列物质中，水解后可以得到氨基酸的是（　　）。
A. 脂肪　B. 糊精　C. 蛋白质　D. 淀粉

5. 蛋白质水解过程可表示为（　　）。
A. 蛋白质→胨→肽→氨基酸　B. 蛋白质→肽→氨基酸→胨
C. 蛋白质→氨基酸→肽→胨　D. 蛋白质→胨→氨基酸→肽

6. 牛奶的等电点为 4.7。下列情况中，牛奶会发生凝结的是（　　）。
A. pH=4.7　B. 加热　C. 加少量糖　D. pH=7

7. 水解后能生成肉冻的蛋白质主要是（　　）。
A. 胶原蛋白　B. 麦胶蛋白　C. 血红蛋白　D. 肌浆蛋白

8. 搅打蛋泡时，下列选项中能稳定蛋泡的是（　　）。
A. 食盐　B. 奶油　C. 糖　D. 脂肪酸

9. 涨发肉皮时常用油发，因为肉皮含有较多的（　　）。
A. 肌原纤维蛋白　B. 胶原蛋白　C. 脂肪　D. 多糖

10. 对肌肉嫩度有重要影响的蛋白质功能性质是（　　）。
A. 乳化性　B. 保水性　C. 溶解性　D. 黏弹性

11. 蛋白质凝胶涨发时，碱能使蛋白质分子表面（　　）。
A. 增加电荷　B. 减少电荷　C. 卷曲　D. 减弱水化作用

12. 下列不属于蛋白质凝胶类食品的是（　　）。

A. 肉皮冻　　B. 豆腐　　C. 面筋　　D. 果冻

13. 揉制面团时，面筋蛋白可以形成（　　）。

A. 蛋白质四级结构　　B. 网络结构

C. 乳液结构　　D. 泡沫结构

三、多项选择题（将正确答案的字母填在括号内）

1. 食品中蛋白质的功能性质包括（　　）。

A. 溶解性　　B. 吸水性　　C. 保水性

D. 发泡性　　E. 乳化性

2. 下列方法中，能提高面筋强度的有（　　）。

A. 加入大量的水　　B. 加少许盐　　C. 加氧化剂

D. 加油脂　　E. 加还原剂

3. 烹饪中常采用（　　）的方法保持肉的嫩度。

A. 加少量盐　　B. 加木瓜蛋白酶　　C. 剔筋

D. 加少许碱　　E. 上浆

4. 制作蛋泡时，不利因素包括（　　）。

A. 加油脂　　B. 加糖　　C. 加盐

D. 全蛋搅打　　E. 加有机酸至等电点附近

5. 位于等电点时，蛋白质（　　）。

A. 水化作用弱　　B. 溶解度低　　C. 溶胀性小

D. 分子伸展　　E. 易水解和变性

6. 在冰激凌和发泡奶油点心生产中，乳蛋白可（　　）。

A. 作为发泡剂　　B. 作为稳泡剂　　C. 作为乳化剂

D. 去除水化膜　　E. 调节 pH 值

7. 添加（　　）有利于增强面筋的筋力。

A. 少量食盐　　B. 少量碱　　C. 乳化剂

D. 大豆粉　　E. 糖

8. 大豆蛋白的功能性质包括（　　）。

A. 溶解性　　B. 吸水性　　C. 乳化性

D. 发泡性　　E. 胶凝性　　F. 黏弹性

9. 下列物质中，水解后可以得到氨基酸的有（　　）。

A. 明胶　　B. 淀粉　　C. 油脂

D. 肽　　E. 色蛋白　　F. 酶

10. 蛋清蛋白的主要作用是促进食品的（　　）。

A. 凝结　　B. 胶凝　　C. 发泡

D. 成形　　E. 干燥

11. 下列属于蛋白质凝胶类食品的是（　　）。

A. 豆腐　　B. 面团　　C. 肉皮冻

D. 凉粉　　E. 琼胶凝胶

12. 蛋白质凝胶类食品碱发时，碱的主要作用是（　　）。

A. 加强水化作用　　B. 减弱水化作用　　C. 加强渗透作用

D. 减弱渗透作用　　E. 增加表面电荷

13. 影响蛋白质变性的因素有（　　）。

A. 温度　　B. 机械作用力　　C. pH 值

D. 有机试剂　　E. 金属离子

14. 在肉的成熟、腌制阶段，加入一些（　　），可以提高嫩度和强化风味。

A. 嫩肉剂　　B. 生姜　　C. 碱

D. 白糖　　E. 醋

15. 下列烹饪操作中，利用了渗透压和透析原理的有（　　）。

A. 腌肉　　B. 糖渍

C. 将干货碱发后用清水退碱　　D. 将腌制品用清水浸泡去盐

E. 上浆

四、名词解释

1. 蛋白质系数

2. 必需氨基酸

3. 蛋白质的胶凝作用

4. 蛋白质的变性

5. 透析

6. 蛋白质的水解

五、简答题

1. 根据蛋白质变性的原理，说明制作“凉拌鸡丝”时为什么鸡肉要以沸水下锅，而炖鸡时鸡肉要以冷水下锅?

2. 简述蛋白质水解的过程。

3. 干货原料的涨发通常采用什么方法？依据的是什么原理？

4. 简述鸡蛋蛋白质在烹饪中的主要作用。

5. 肉的嫩度主要受哪些因素影响？烹调时如何提高肉的嫩度？

6. 简述油炸食品的营养价值较清蒸食品低的原因。

六、论述题

1. 举例说明影响蛋白质变性的因素。

2. 举例说明牛奶蛋白质在烹饪及食品加工中的主要作用。

3. 举例说明蛋白质的胶体性在烹饪中的应用。

第三章　糖　　类

一、填空题（将正确答案填在横线空白处）

1. 糖类化合物一般分为__________、__________和__________三大类。

2. 糖类主要是由________、________、________三种元素组成的。

3. 糖类的基本构成单位是________。

4. 低聚糖又称寡糖，是由________个单糖分子脱水缩合而成的糖。

5. 一般采用比较的方法确定糖的甜度，选择________为基准物，设其甜度为________，其他糖的甜度即为与之比较所得到的相对甜度。

6. 糖渍食品因____________，可防止微生物生长。

7. 糖类在________或________的催化作用下，可以分解成单糖，这一过程称为________。

8. 蔗糖在________的作用下水解生成________和________，其生成物称为________。

9. 单糖与非糖化合物缩合的产物称为________。

10. 糖类在没有氨基化合物存在的情况下，加热至其________以上时，会变为黑褐色的深色物质，这种现象称为______________。

11. 美拉德反应又称羰氨反应，是________与________经过缩合、聚合等一系列反应，生成深色物质和挥发性成分的系列反应的总称。

12. 某些糖类被酵母、细菌、霉菌所产生的酶作用而发生的反应称为________。

13. 由多个单糖及其衍生物聚合成的高分子化合物称为________。

14. 淀粉主要由____________和____________组成。

15. 淀粉粒在适当温度（一般在________℃）下，在水中溶胀、分裂，形成均匀糊状物的变化称为____________。

16. 糊化后的淀粉在____________________放置后，会变得不透明，离水而沉淀，这种现象称为淀粉的________，行业上叫“________”。

17. 淀粉中直链淀粉含量越高，则越易________。

18. 动物体内的多糖类储能物质称为________。

19. 果胶物质在食品中的重要应用是作为果酱与果冻的________、________与________。

20. 存在于植物体内的果胶物质一般有3种形态，即________、________与________。

二、单项选择题（将正确答案的字母填在括号内）

1. 蔗糖水解后，甜度的变化是（　　）。

A. 增高　B. 降低　C. 不变　D. 消失

2. 用蔗糖糖渍的食品有较长的保质期，这是因为蔗糖溶液有（　　）。

A. 较高的渗透压　B. 较好的结晶性　C. 较高的沸点　D. 较高的黏度

3. 在拔丝、裹糖衣的菜肴中，蔗糖处于（　　）状态。

A. 溶液　B. 晶体　C. 无定形　D. 稳定

4. 饴糖是淀粉在（　　）作用下的产物。

A. 麦芽糖醇　B. 酸　C. 淀粉酶　D. 碱

5. 既不需要氧，也不需要氨基化合物的褐变是（　　）褐变。

A. 美拉德反应　B. 焦糖化　C. 维生素C　D. 酶促

6. 发生焦糖化反应的温度在（　　）℃以上。

A. 2 ～ 4　B. 60 ～ 80　C. 200　D. 185

7. 下列属于低聚糖的是（　　）。

A. 果糖　B. 葡萄糖　C. 水苏糖　D. 淀粉

8. 烤肉的酱红色、熏干的棕黑色、啤酒的黄褐色、酱与酱油的棕黑色、腌鱼与腌肉在储存中“油烧色”的形成，都与（　　）褐变有关。

A. 美拉德反应　B. 焦糖化　C. 维生素C　D. 酶促

9. 除了作为主食外，还可以作为制作菜肴时勾芡、上浆、挂糊的主要原料的是（　　）。

A. 果糖　B. 葡萄糖　C. 水苏糖　D. 淀粉

10. 纯直链淀粉在冷水中不能完全溶解，遇碘呈（　　）。

A. 蓝色　B. 红色　C. 绿色　D. 黄色

11. 下列不属于淀粉水解反应产物的是（　　）。

A. 果糖　B. 红色糊精　C. 麦芽糖　D. 葡萄糖

12. 淀粉糊化的本质是淀粉微观结构（　　）。

A. 从结晶转变成非结晶　B. 从非结晶转变成结晶

C. 从有序转变成无序　D. 从无序转变成有序

13. 淀粉老化最适宜的温度是（　　）℃。

A. 20 ~ 40　　B. 2 ~ 4　　C. 60 ~ 100　　D. –20 ~ 0

14. 糯米饭较粳米饭黏性强，是因为前者含有更多的（　　）。

A. 直链淀粉　　B. 支链淀粉　　C. 不溶蛋白　　D. 多糖凝胶

三、多项选择题（将正确答案的字母填在括号内）

1. 下列物质组合中，在一起可以发生美拉德反应的是（　　）。

A. 二肽和葡萄糖　　B. 淀粉和葡萄糖　　C. 甘氨酸和蔗糖

D. 甘氨酸和葡萄糖　　E. 麦芽糖和赖氨酸

2. 烤鸭表面涂有饴糖，烤制后其色泽变化与（　　）有关。

A. 美拉德反应　　B. 焦糖化反应　　C. 酶促褐变

D. 维生素 C 褐变　　E. 水解反应

3. 下列食品中，淀粉处于糊化状态的有（　　）。

A. 方便面　　B. 面包　　C. 芝麻糊

D. 生面粉　　E. 爆玉米花

4. 下列选项中，属于淀粉糊化必要条件的有（　　）。

A. 加酸　　B. 加水　　C. 加热

D. 加糖　　E. 加碱

5. 糊化后的淀粉在室温下放置时会（　　）。

A. 离水　　B. 吸水　　C. 变硬

D. 变软　　E. 收缩

6. 下列食品中，不易发生老化的是（　　）。

A. 馒头　　B. 方便面　　C. 面包

D. 饼干　　E. 蛋糕

7. 下列方法中，可以加快淀粉老化的是（　　）。

A. 增加支链淀粉的含量　　B. 将温度保持在 2 ~ 4 ℃

C. 将含水量控制在 10% 以下　　D. 将含水量控制在 30% ~ 60%

E. 加入砂糖

8. 在蛋糕制作中，属于由糖的性质带来的优点的是（　　）。

A. 甜味　　B. 稳定泡沫　　C. 增大泡沫体积

D. 烤制时容易生色　　E. 成品保存期长

9. 下列物质中，属于单糖的有（　　）。

A. 葡萄糖　　B. 蔗糖　　C. 果糖

D. 半乳糖　E. 麦芽糖

10. 下列物质中，属于双糖的有（　　）。

A. 甘露糖　B. 蔗糖　C. 麦芽糖

D. 乳糖　E. 淀粉

11. 下列物质中，属于多糖的有（　　）。

A. 淀粉　B. 果胶　C. 琼胶

D. 麦芽糖　E. 纤维素

12. 淀粉水解的产物有（　　）。

A. 糊精　B. 葡萄糖　C. 麦芽糖

D. 果糖　E. 蔗糖

13. 有关淀粉的水解，下列说法中错误的是（　　）。

A. 淀粉能被酸和酶水解　B. 中间产物有糊精

C. 淀粉的分子变大　D. 显色反应逐渐加强

E. 糖苷键未断裂

14. 影响淀粉老化的因素有（　　）。

A. 淀粉的种类和组成　B. 含水量　C. 温度

D. 共存物　E. 糊化程度

15. 淀粉糊化可分成三个阶段，即（　　）。

A. 可逆吸水阶段　B. 不可逆吸水阶段　C. 淀粉粒解体阶段

D. 糊化阶段　E. 干燥阶段

四、名词解释

1. 糖的水解

2. 焦糖化反应

3. 美拉德反应

4. 发酵

5. 淀粉的糊化

6. 淀粉的老化

五、简答题

1. 简要说明淀粉的水解过程及遇碘时颜色的变化。

2. 什么是淀粉糊化温度？影响淀粉糊化的因素和淀粉糊化的必要条件各有哪些？

3. 简述淀粉糊化的本质及其在烹饪中的应用。

4. 简述淀粉的糊化过程。

5. 什么是糖？糖有哪些种类？常见的糖有哪些？

6. 单糖、低聚糖有哪些物理性质？

7. 糖苷的水解在烹饪中有何作用？

六、论述题

1. 焦糖化反应会生成哪两种物质？焦糖化反应在烹饪中有何应用？

2. 美拉德反应对食品风味的形成有什么作用？

第四章 脂 类

一、填空题（将正确答案填在横线空白处）

1. 脂类分为________和________，是人体细胞必不可少的物质。

2. 动植物脂肪的 99% 为________________，习惯上将室温下呈液态的脂肪称为________，呈固态的称为________。

3. 油脂由________和________组成，其中____________为主要成分。

4. 必需脂肪酸分为________、________及______________。

5. 油脂有两种形式，一种是从动植物中分离出来的____________，另一种是作为基本食品的____________。

6. ________是动植物中分布最广的磷脂，存在于蛋黄、大豆等食品中。

7. 固态脂变成液态油时的温度称为________，液态油变成固态脂时的温度称为________。

8. ________是指油脂在加热到表面冒出青白色烟雾时的温度。

9. 一般来说，以含____________为主的动物油脂的烟点较____________，而含______________的植物油脂的烟点较________。

10. 行业上所称的“奶汤”或“白汤”就是典型的__________型的乳状液。

11. 油脂的皂化值越大，则脂肪酸混合物的平均分子量越________。

12. 油脂中的双键________时，一般容易氧化，这意味着其________高。

13. 一般含有__________和__________较多的含油脂食品或油脂易受微生物的污染，引起油脂的酸败。

14. 油脂的____________是油脂及含油脂较多的食品主要的变质现象。

15. 油脂加热使用后会出现的不利变化是____________。

16. 油脂在高温下使用后，由于热分解作用产生的物质都会降低油脂的________。

17. 在油脂中加入____________，可以较有效地延缓油脂的高温氧化作用。

18. 在食品工业和烹饪工艺中，一般要求将油温控制在________℃以下，尤以________℃左右为宜。

19. 制作“松鼠鱼”等菜肴时，应选择分解温度较高的油脂，将其加热到________℃

以上，使蛋白质迅速变性，凝固成型。

20. 在肉类原料中添加________，并用微火炖制，可使肉味更香。

二、单项选择题（将正确答案的字母填在括号内）

1. 下列有关油脂的说法中，正确的是（　　）。

A. 动物油脂中含不饱和脂肪酸较多　　B. 植物油脂常温下都是固体

C. 油脂是各种甘油脂肪酸的混合物　　D. 每种油脂只含一种脂肪酸

2. 油脂在碱性条件下的水解反应称为（　　）反应。

A. 加成　　B. 氧化　　C. 皂化　　D. 裂解

3. 下列物质中，既有直接营养价值又可作为烹饪介质的是（　　）。

A. 维生素 C　　B. 糖类　　C. 蛋白质　　D. 脂肪

4. 下列选项中，可使油脂酸价降低的是（　　）。

A. 水解　　B. 精炼　　C. 长期储藏　　D. 高温加热

5. 油脂氧化酸败后，会出现（　　）现象。

A. 酸价增加　　B. 过氧化值降低　　C. 碘值增加　　D. 颜色变浅

6. 下列选项中，与油脂自动氧化关系不大的是（　　）。

A. pH 值　　B. 温度

C. 氧气含量　　D. 脂肪酸的组成

7. 用植物油脂生产人造奶油，是利用了油脂的（　　）反应。

A. 水解　　B. 聚合　　C. 氧化　　D. 加成

8. 将植物油脂变为人造奶油可（　　）。

A. 降低油脂的抗氧化稳定性　　B. 缩短油脂的使用寿命

C. 改善油脂的色泽　　D. 使其烟点升高

9. 油脂反复加热后其黏度提高，冷却后发生凝固，这与油脂的（　　）反应有关。

A. 氧化　　B. 分解　　C. 皂化　　D. 聚合

10. 烹饪中，常利用油脂的（　　）作用制作油酥面团。

A. 起酥　　B. 保温　　C. 润滑　　D. 呈色

11. 烹饪中，常用葱、蒜、姜、辣椒、桂皮、香菜、花椒等作为调味料，在热油锅中煸炒，这是利用了油脂的（　　）作用，使得调料中的芳香物质溶于油脂而产生特殊香味。

A. 起酥　　B. 保温　　C. 润滑　　D. 赋香

12. 下列选项中，不属于油脂老化主要表现的是（　　）。

A. 色泽变深　　B. 黏度提高　　C. 泡沫增多　　D. 烟点上升

三、多项选择题（将正确答案的字母填在括号内）

1. 新鲜油脂的颜色主要来源于（　　）。

A. 叶黄素　　B. 叶绿素　　C. 脂肪酸
D. 糖类　　E. 胡萝卜素

2. 下列物质中，可作为乳化剂的有（　　）。

A. 卵磷脂　　B. 脑磷脂　　C. 胆固醇
D. 甘油三酯　　E. 高级脂肪酸

3. 食油中主要的必需脂肪酸有（　　）。

A. 软脂酸　　B. 硬脂酸　　C. 花生四烯酸
D. 亚油酸　　E. 亚麻酸

4. 下列选项中，（　　）属于直接影响油脂自动氧化的因素。

A. 光线　　B. pH 值　　C. 温度
D. 水分　　E. 酶

5. 采用（　　）的方法可以防止油脂自动氧化。

A. 加水　　B. 低温储存　　C. 避光
D. 加血红素　　E. 用铁器储存

6. 油脂反复加热后，会出现（　　）等现象。

A. 黏度提高　　B. 泡沫增多　　C. 烟点降低
D. 挥发物减少　　E. 营养价值提高

7. 下列选项中，可以减缓油脂烟点降低的方法有（　　）。

A. 加少量游离酸　　B. 精炼　　C. 反复使用
D. 降低使用温度　　E. 长时间加热

8. 已经酸败的油脂不能食用的原因是（　　）。

A. 酸败使油脂中的营养素遭到破坏
B. 酸败油脂对人体中几个重要的酶系统有损害作用
C. 油脂酸败后产生强烈的刺激性臭味
D. 长期摄入酸败的油脂会导致体重减轻和发育障碍

9. 下列选项中，可以防止油脂酸败的是（　　）。

A. 提高油脂纯度　　B. 减少杂质和水分含量　　C. 保持容器干燥卫生
D. 低温储存　　E. 加热

10. 下列油脂中，适用于糕点加工的是（　　）。

A. 猪油　　B. 氢化油　　C. 奶油
D. 黄油　　E. 菜籽油

四、名词解释

1. 必需脂肪酸

2. 烟点

3. 皂化反应

4. 油脂氢化

5. 油脂的碘值

6. 油脂的氧化酸败

7. 油脂的皂化值

五、简答题

1. 天然油脂的主要成分有哪些?

2. 油脂的气味、颜色是如何产生的?

3. 制作云南过桥米线是利用了油脂的哪些性质?

4. 油脂可用于润滑和起酥的原因是什么?

5. 高脂肪食品在储存时为什么易出现发黄现象？

6. 油脂的皂化值、碘值对油脂的意义是什么？

7. 生猪油为什么比熟猪油容易腐败？为什么鱼肉在冷藏时比猪油容易氧化酸败？金属对油脂的自动氧化有什么作用？

8. 什么是抗氧化剂？它在烹饪中有何作用？举例说明常见的抗氧化剂。

9. 影响油脂烟点的因素有哪些?

10. 为什么加热油脂时应该把温度控制在 200 ℃以下?

11. 为什么油脂不宜反复加热（高温）使用?

12. 简述食品在油炸过程中发生的变化。

六、论述题

1. 举例论述食用油脂在烹饪中的作用。

2. 影响油脂氧化酸败的因素有哪些？说明防止油脂氧化酸败的方法。

第五章　酶、无机盐与维生素

一、填空题（将正确答案填在横线空白处）

1. 除碳、氢、氧、氮等主要以有机化合物形式存在的元素外，其余各种元素统称为________元素。

2. 谷类、豆类等食品中的磷以________形式存在，利用率低，可采取________或________浸泡的方法，提高磷的吸收率。

3. ________是人体内含量最多的必需微量元素，其中 60% ~ 70% 以________形式存在于红血球中。

4. 烹调时铁锅溶出的微量________元素对人体健康有益，可满足人体每日的需求，有效预防________________。

5. 胡萝卜素和硫胺素的分解能分别产生有________和________风味的物质。

6. 酶的化学本质是____________。

7. 按来源不同，食品中的酶可分为____________和____________两类。

8. 苹果、梨等水果及一些蔬菜在削皮切开后，由于组织内本身含有____________，会发生____________，切面会变为褐色。

9. 酶的催化作用具有____________，以及高度的____________。

10. 植物体内的酶最适温度一般在________℃，动物体内的酶最适温度一般在________℃。一般在此基础上将温度升高 10 ℃，酶的催化反应速度将增加________倍。

二、单项选择题（将正确答案的字母填在括号内）

1. 钾、钠、氯的主要生理作用有（　　）。

A. 构成机体组织

B. 维持体液的渗透压与机体的酸碱平衡

C. 维持神经及肌肉组织的兴奋性

D. 参与体内生物化学反应

2. 人如果摄入过多的食盐，易引起（　　）。

A. 高血压及心血管疾病　　　　B. 肠胃疾病

C. 脚气病　　D. 夜盲症

3. 一般可采取（　　）处理方法提高植物性食品中锌的利用率。

A. 发酵　　B. 高温　　C. 粉碎　　D. 浸泡

4. 在制作面点时加碱，可导致（　　）损失。

A. 维生素 A　　B. B 族维生素　　C. 维生素 C　　D. 维生素 D

5. 下列选项中，（　　）不会导致酶活力下降。

A. 高压　　B. 高温　　C. 强酸　　D. 30 ~ 45 ℃温水

三、多项选择题（将正确答案的字母填在括号内）

1. 无机盐的生理作用包括（　　　）。

A. 构成机体组织　　B. 维持体液的渗透压与机体的酸碱平衡

C. 维持神经及肌肉组织的兴奋性　　D. 参与体内生物化学反应

E. 降低血压

2. 通过食疗补铁的方法有（　　　）。

A. 多食用动物性食品　　B. 将原料在酸性环境中进行加工

C. 添加维生素 C　　D. 多食用植物性食品

E. 添加维生素 E

3. 锌的生理作用有（　　　）。

A. 与人体内 20 种以上的酶的组成成分有关

B. 是皮肤、骨骼、性器官发育不可缺少的元素

C. 维持味觉正常功能

D. 维持正常细胞的免疫功能

E. 促进伤口愈合

4. 下列元素中，对人体有害的是（　　　）。

A. 镉　　B. 汞　　C. 铅

D. 砷　　E. 铜

5. 下列属于脂溶性维生素的是（　　　）。

A. 维生素 A　　B. B 族维生素　　C. 维生素 E

D. 维生素 K　　E. 维生素 D

6. 下列属于水溶性维生素的是（　　　）。

A. 泛酸　　B. 烟酸　　C. 维生素 E

D. 叶酸　　E. 维生素 C

四、名词解释

1. 灰分

2. 必需元素

3. 常量元素

4. 微量元素

5. 酸性食品

6. 碱性食品

7. 维生素

8. 酶

五、简答题

1. 在烹饪过程中采取哪些措施，可以提高人体对食品中钙的吸收率?

2. 简述影响酶活力的主要因素。

3. 简要说明酶的催化作用的特点。

4. 简述影响维生素稳定性的因素。

5. 苹果中含有较多果酸，为什么它是碱性食品?

六、论述题

1. 试述烹饪方法对食品中无机盐的影响。

2. 试述烹饪过程对食品中维生素的影响。

3. 烹饪中采取哪些措施可以减少维生素的损失?

4. 举例说明烹饪中有重要作用的酶。

第六章　食品的颜色

一、填空题（将正确答案填在横线空白处）

1. 根据溶解性不同，天然色素可分为________色素和________色素。

2. 动物肌肉的色泽主要是其中存在____________和____________所致。

3. 在腌肉过程中，亚硝酸盐会与肌红蛋白、血红蛋白反应，生成________________，它是未烹制腌肉中的最终产物。将其进一步热处理后便形成稳定的________________，这是加热腌肉的主要色素。

4. 自然界中最常见的多酚类色素有__________、__________和__________3 大类。

5. 红曲色素在肉制品中的作用是____________、____________、____________。

二、单项选择题（将正确答案的字母填在括号内）

1. 多酚类色素包括（　　）。

A. 花黄素和叶绿素　　B. 花青素和叶绿素

C. 花青素和花黄素　　D. 花青素和叶黄素

2. 下列选项中，（　　）是最主要的维生素 A 原。

A. 类胡萝卜素　　B. 叶黄素　　C. 叶绿素　　D. 番茄红素

3. 将土豆削皮后立即放入水中是为了防止发生（　　）褐变。

A. 美拉德反应　　B. 维生素 C　　C. 酶促　　D. 焦糖化

4. 鲜藕片在（　　）情况下最容易发生褐变。

A. 用盐水浸泡　　B. 焯水

C. 空气中久置　　D. 浸泡于柠檬酸与维生素 C 混合液中

5. 桃、苹果等水果发生酶促褐变的主要底物是（　　）。

A. 酪氨酸　　B. 儿茶酚　　C. 氨基酸　　D. 绿原酸

6. 绿叶蔬菜在烹调中变黄，其原因是（　　）。

A. $pH < 7$ 时叶绿素发生了氧化

B. $pH > 7$ 时叶绿素发生了水解

C. $pH < 7$ 时叶绿素络合了铜离子

D. pH < 7 时叶绿素中的镁离子被氢离子取代

7. 将叶绿素放在稀碱中，其颜色变化是（ ）。

A. 变蓝 B. 绿色消失 C. 变褐 D. 绿色更鲜艳

8. 猪肉用水煮后呈褐色，是因为其中的血红素转变成了（ ）。

A. 亚硝基血红素 B. 高铁血红素

C. 氧合血红素 D. 羟基卟啉血红素

9. 新鲜肉类被分割后切面变为鲜红色，是因为其中的肌红蛋白发生了（ ）反应。

A. 分解 B. 氧化 C. 还原 D. 氧合

三、多项选择题（将正确答案的字母填在括号内）

1. 下列色素中，属于植物性天然色素的是（ ）。

A. 血红素 B. 叶绿素 C. 花青素

D. 红曲色素 E. 虾青素

2. 下列色素中，属于水溶性色素的是（ ）。

A. 血红素 B. 叶绿素 C. 胡萝卜素

D. 花青素 E. 花黄素

3. 下列色素中，有金属离子的是（ ）。

A. 花青素 B. 叶绿素 C. 类胡萝卜素

D. 血红素 E. 花黄素

4. 发生酶促褐变所必须具备的条件包括（ ）。

A. 氧 B. 碱性环境 C. 温度

D. 多酚氧化酶 E. 酚类底物

5. 要防止原料发生酶促褐变，在生产上可行的方法包括（ ）。

A. 除去底物 B. 隔绝空气 C. 添加维生素 C

D. 添加酶抑制剂 E. 煮沸使酶失活

四、名词解释

1. 叶绿素

2. 肌红蛋白

3. 食品着色剂

4. 类胡萝卜素

五、简答题

1. 简述绿色蔬菜在储藏过程中变黄的原因。

2. 腌制蔬菜时，其颜色都通过哪些途径形成？泡菜为什么通常是黄色的？

3. 烹制或加工土豆、芦笋、大米、面粉时，它们为什么有时会变黄？

4. 什么是酶促褐变？其必要条件是什么？

5. 在烹饪和食品加工时通常采用什么方法保持或加深制品的绿色？

六、论述题

1. 试述绿色蔬菜在烹制过程中的颜色变化及其原理。敞开锅盖或急火快炒为什么可以较好地保持蔬菜的绿色？

2. 试述猪肉在空气中存放时、煮制时颜色的变化及其原理。

第七章　食品的风味

一、填空题（将正确答案填在横线空白处）

1. 香气值是________________和________________的阈值之比。

2. 食品香气产生的途径主要有___________作用、_______作用、_______作用、_______作用等。

3. 对水产品原料进行初加工时，可用_______洗去部分腥臭气，烹制时再加入适量的_______、_______以达到去腥增香的效果。

4. 肉香成分的风味前体有_________、肽、_______、_______及脂类等，这些成分在热加工时形成了肉香的主体物质。

5. 烘焙食品主要的香气成分是_______，其香气产生的途径是加热时所发生的_______、_______、油脂的分解、含硫化合物的分解等。

6. 食品进入口腔引起的所有感觉统称为_______，包括_______和_______的各种感觉。

7. 从生理的角度出发，一般把甜、_______、_______、_______4 种基本味觉称为四原味。

8. 通常人们用_______表示对味道的敏感程度。

9. 味精与_______共存时，鲜味会成倍增强。

10. 当不慎把菜的味道调得过酸或过咸时，常常可以再加适量的_______，使菜肴原来的酸味或咸味有所减弱。

二、单项选择题（将正确答案的字母填在括号内）

1. 能用嗅觉辨别出某种物质存在的最低浓度称为（　　）。

A. 香气值　　B. 香气阈值　　C. 呈味阈值　　D. 酸度

2. 番茄、黄瓜的清香成分的形成途径是（　　）作用。

A. 生物合成　　B. 直接酶　　C. 间接酶　　D. 调香

3. 在原有香气物质中添加少量其他香气成分，可使香气的格调发生变化，这是一种（　　）。

A. 掩盖作用　B. 夺香作用　C. 嗅觉疲劳　D. 味觉转化

4. 一般水果中所含香气成分很多，其中最主要的成分是（　　）。

A. 醇类　B. 有机酸酯　C. 酸类　D. 醛类

5. 香辛料的风味来自精油，精油中香气的主要成分是（　　）化合物。

A. 含硫　B. 脂类　C. 萜类　D. 醛类

6. 以柠檬酸为标准，在同一 pH 值时酸感最强的是（　　）。

A. 甲酸　B. 草酸　C. 醋酸　D. 乳酸

7. 苦味的基准物质是（　　）。

A. 草酸　B. 肌苷酸　C. 奎宁　D. 茶碱

8. 味精呈味最鲜的 pH 值范围是（　　）。

A. 6 ~ 7　B. 8 ~ 10　C. 3 ~ 5　D. 2 ~ 3

9. 肉类的鲜味成分是（　　）。

A. 腺苷三磷酸　B. 肌苷一磷酸　C. 肌苷酸　D. 次黄嘌呤

10. 普通味精鲜味的呈现需要（　　）存在。

A. 肌苷酸　B. 氯化钠　C. 鸟苷酸　D. 琥珀酸钠

11. 粗盐发苦，是因为其含有（　　）。

A. 苦味碱　B. 镁盐　C. 苦味肽　D. 胆酸

12. 咸味质量最好的中性盐是（　　）。

A. 氯化钾　B. 氯化钠　C. 氯化钙　D. 氯化铵

13. 最常与各种味相互作用并被称为烹调主味的是（　　）味。

A. 辣　B. 酸　C. 鲜　D. 咸

14. 贝类的特征鲜味物质是（　　）。

A. 鸟苷酸　B. 肌苷酸　C. 琥珀酸钠　D. 味精

三、多项选择题（将正确答案的字母填在括号内）

1. 人能用嗅觉感觉到某挥发物存在，其香气值可能（　　）。

A. 大于 1　B. 等于 1　C. 小于 1

D. 大于 0　E. 等于 0

2. 下列食品中，（　　）的香气是在酶的作用下产生的。

A. 蒜　B. 竹笋　C. 桃

D. 萝卜　E. 葱

3. 下列选项中，属于烘焙食品香气产生途径的有（　　）。

A. 美拉德反应褐变　B. 含硫氨基酸分解　C. 油脂分解

D. 焦糖化反应　　　　　E. 蛋白质分解

4. 烹饪中去除不良气味并让菜肴尽量产生人们喜爱香气的方法包括（　　）。

A. 选料时注意原料之间的互相配合　　B. 在烹制前将原料静置或预处理

C. 烹制前添加香辛调料腌制　　D. 烹制时添加调料

E. 控制好加热温度和时间　　F. 用鲜汤煨制菜肴

5. 下列选项中，（　　）的产生与油脂自动氧化有关。

A. 大豆的豆腥气味　　B. 鱼肉的腥气　　C. 奶油味

D. 面包香气　　E. 畜禽肉的膻味

6. 下列选项中，属于生理基本味的是（　　）味。

A. 咸　　B. 甜　　C. 酸

D. 苦　　E. 辣

7. 下列方法中，不会提高糖的甜度的是（　　）。

A. 加醋　　B. 降低糖液浓度　　C. 加另一种糖

D. 放较多的盐　　E. 减小糖的晶体粒度

8. 下列物质中，具有突出苦味的是（　　）。

A. 氯化钠　　B. 茶碱　　C. 氯化镁

D. 啤酒花　　E. 动物胆汁

9. 下列选项中，属于甜味剂的有（　　）。

A. 蜂蜜　　B. 淀粉　　C. 味精

D. 糖精　　E. 甜叶菊

四、名词解释

1. 香气阈值

2. 香气值

3. 夺香作用

4. 遮掩作用

5. 嗅觉疲劳

6. 味的相消作用

7. 味的相乘作用

8. 味的转化作用

五、简答题

1. 说明大葱、大蒜、韭菜等原料的辛辣气味的形成过程。

2. 水果香气的主要成分是什么？它们是如何形成的?

3. 烘焙食品的香气是通过哪些反应物形成的?

4. 烹饪中可能产生苦味的因素有哪些?

5. 简要说明咸味在烹饪调味中的作用。

6. 简述食盐在烹饪中的作用及适宜用量。

7. 简述普通味精的使用方法。

8. 将某些动物性原料与植物性原料一起炖煨时，其味特鲜，其原理是什么?

六、论述题

1. 举例说明香气的形成途径。

2. 举例说明味的相互作用。

3. 举例说明食醋在烹饪中的作用。